LE
LANGAGE DES FLEURS
ET
L'ALPHABET D'AMOUR

ÉMILE COLIN — IMPRIMERIE DE LAGNY

LE
LANGAGE DES FLEURS

PAR

SIRIUS

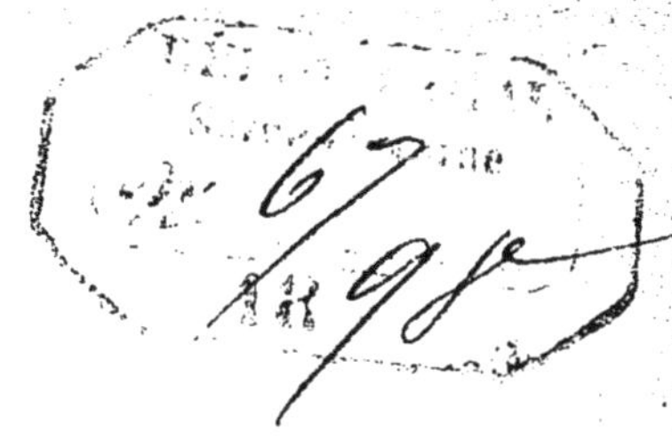

PARIS

PONTET-BRAULT, ÉDITEUR

4, RUE HAUTEFEUILLE, 4

LE
LANGAGE DES FLEURS

LES FLEURS

Les fleurs sont les interprètes les plus gracieux que la nature ait mis à la disposition des humains pour exprimer discrètement leurs sentiments.

Les fleurs sont partout.

L'Église en pare ses autels.

Les favorisés de la fortune décorent de massifs luxuriants, de plates-bandes embaumées et de corbeilles ravissantes leurs parcs et leurs jardins; l'habitant de la campagne, quelque valeur qu'ait à ses yeux le sol qui l'enrichit de ses récoltes ou le nourrit de ses produits, consacre un petit coin de terre pour cultiver des fleurs.

A la ville on en décore les salons somptueux, les tables princières où s'asseoient les convives d'élite, les escaliers monumentaux et les boudoirs témoins des confidences amoureuses; les fleurs sont aussi sur le balcon et sur la fenêtre, et l'ouvrière aux goûts modestes aime en tirant l'aiguille à reposer parfois sur elles son regard fatigué par le labeur incessant et les veilles prolongées.

Du plus riche au plus pauvre, tous ont des fleurs.

Les fleurs sont données dans toutes les circonstances de la vie.

Pieuses et délicates offrandes, elles viennent orner les temples et mêler leurs parfums à la fumée mystique de l'encens; aux solennités publiques les fleurs en guirlandes se mêlent aux fêtes, décorent les mâts et les portiques ; elles sont offertes en bouquets, en palmes ou en couronnes à tous ceux que l'on célèbre ; elles assistent à toutes les fêtes de ceux que nous souhaitons; elles sont de toutes les cérémonies pompeuses ou modestes, publiques ou privées, gaies ou douloureuses, car elles mêlent aussi

Pavot. — Je vous vois dans mes songes.

bien leurs sourires éclatants aux réjouissances bruyantes, que leur tristesse compatissante aux funèbres cortèges des morts que nous pleurons ; elles parent l'autel de l'hyménée et décorent le mausolée de deuil.

Les fleurs ont leur langage, que les poètes et les amants ont bien compris et dont l'intention de l'esprit ou du cœur leur a fait la tendre révélation.

SIGNIFICATIONS GÉNÉRALES

Les fleurs sont divisées en deux catégories
principales par leurs parfums et par leurs couleurs.

On donne à celles qui ont les parfums les plus
pénétrants, les plus capiteux, et les couleurs les
plus vives, les plus brillantes, les significations
les plus hardies, les plus nettes.

C'est parmi ces fleurs que sont celles qui
expriment les plus vifs sentiments : l'amour ardent, la reconnaissance enthousiaste, l'hommage
éclatant, la douleur la plus affligeante.

Les sentiments tendres, au contraire, tels que
l'amour latent, l'amitié affectueuse, le respect
mêlé à l'adoration intime, le pieux souvenir du

cœur fidèle, trouveront leurs interprètes parmi les fleurs aux couleurs modestes ou parmi celles qui ne répandent autour d'elles que les parfums les plus discrets.

Ces indications révèlent d'un seul coup la base de notre système, qui est l'analogie entre les sentiments ou les pensées à exprimer et les gracieuses messagères que nous chargeons de les transmettre.

Le blanc n'est-il pas partout l'emblème de l'innocence, la couleur de la pureté virginale ?

La fleur d'oranger, dans sa blancheur éclatante, est au premier rang des symboles immaculés, mais son parfum capiteux ajoute à son interprétation les vibrants effluves de l'amour.

C'est la fleur des vierges, sans doute, mais des vierges qui déjà ont donné leur cœur, des vierges qui aiment et qui sont aimées, des vierges qui ont encore, comme la fleur d'oranger, la blanche robe de l'innocence et le cœur débordant des capiteux parfums d'amour.

Le rouge n'a-t-il pas toujours été choisi pour représenter l'amour le plus ardent, l'amour complet où les sens se confondent avec l'esprit, l'âme avec la chair?... Et la rose au parfum exquis, la rose reine des fleurs n'exprime-t-elle pas pour tous ce sentiment divin, qui suffit à remplir la vie tout entière?

Le bleu est la couleur des âmes tendres, délicates, gardant les éternels souvenirs et les affections impérissables. Le myosotis dit, avec ses petits pétales d'azur: « Ne m'oubliez pas! »

Or, telle est la gradation, que le violet né du rouge ou du bleu, de l'amour et du souvenir, est la couleur des veuves, de celles qui ont aimé et dont le cœur garde religieusement le culte du passé.

Le vert, partout et toujours, a dit l'espérance. C'est la couleur, tendre et vive à la fois, du renouveau qui promet les frondaisons superbes et les floraisons embaumées; c'est la couleur de la jeunesse, parce que la jeunesse aspire à l'avenir.

Le jaune !... Tout le monde le sait, et, ma foi, tant vaut-il le dire : c'est la couleur du mariage, mais du mariage dans lequel les ardeurs se sont éteintes, qui a vu fuir l'amour d'antan... et c'est aussi la couleur du cocuage.

Il est pourtant des fleurs aux couleurs dorées qui n'expriment pas cet état ridiculisant, car le jaune brillant est pris pour emblème de l'opulence, et par analogie de la richesse des sentiments du cœur et de l'esprit.

Ce jaune s'allie merveilleusement aux autres couleurs avec lesquelles il produit d'harmonieux assemblages, leur donnant son éclat, coupant leurs tons, ajoutant sa force à la leur et corsant de sa puissance l'expression qu'elles formulent.

Le noir, c'est le deuil et la tristesse ; c'est la couleur de la mort et du néant, parce qu'en réalité le noir n'est pas une couleur, mais au contraire l'absence de toutes couleurs.

Voilà, en thèse générale, la base du langage des fleurs, car il est bien évident qu'elles ne parlent à nos sens que par leurs couleurs et par leurs parfums.

Mais si, aux couleurs et aux parfums, nous ajoutons les formes gracieuses et infiniment variées des élégantes filles de Flore, le langage des fleurs atteint une richesse d'expression que pourraient lui envier les encyclopédies les plus volumineuses.

Car il est bien évident que le lis, par exemple,
avec son aristocratique tournure, sa taille
élevée au-dessus de toutes les autres fleurs des
parterres, sa corolle majestueuse, son front
noble et élégant, aura une signification bien
différente — à cause de sa forme seule — de
la tubéreuse, par exemple, d'une blancheur aussi
immaculée que la sienne, et d'un parfum aussi
suave. Par leurs formes si différentes, le lis
et les tubéreuses prendront des significations
bien éloignées, l'un emblématisant la noblesse
et l'autre la volupté.

Quelle riche et inépuisable variété d'expres-
sions avec une telle gamme de tons, de nuances
et de couleurs, avec cette diversité merveilleuse
d'essences embaumées, avec cette multiplicité
infinie de formes et de tournures !

Mais aussi quelle diversité sublime dans les
sentiments du cœur humain, dont les fleurs doivent être les interprètes !

A un penseur aussi profond et aussi capri-
cieux que lui, il fallait bien un orateur aussi
éloquent que la flore tout entière.

LES COULEURS

———

Nous venons de dire un mot de quelques couleurs principales, des couleurs fondamentales ; le bleu, le jaune et le rouge ; du violet et du vert, qui sont leurs dérivés naturels ; du blanc et du noir, qui ne sont pas à proprement parler des couleurs.

Pour bien établir les bases de notre méthode analogique et pour permettre à nos lecteurs de se l'assimiler complètement, afin qu'ils sachent se servir avec facilité du langage poétique que nous leur enseignons ici, nous allons nous occuper d'abord des couleurs et dire les variétés nombreuses que crée leur fusion, et les nuances infinies que contient ce prisme spectral.

Nous noterons les significations que l'analogie a données à chaque couleur et à chaque nuance, et déjà nous possèderons un vocabulaire d'une richesse réelle, capable d'exprimer une variété nombreuses de sentiments et de pensées.

*
* *

Le *blanc* et le *noir*, — qui sont l'un l'effet de la lumière, l'autre l'effet des ténèbres, — nous occuperont tout d'abord.

Le *blanc* est l'emblème de la pureté, — nous l'avons dit et tel a toujours été l'avis de tous, dans tous les âges, chez tous les peuples civilisés. — Mais le blanc est l'emblème de toutes les puretés : de l'innocence et de la candeur, pureté du cœur ; de la modestie, pureté de l'esprit ; de la foi et de la confiance, pureté de l'âme ; de la chasteté et de la virginité, pureté du corps.

Par suite, il y aura une gradation dans les fleurs blanches, une distinction qu'établiront leurs parfums et leurs formes et qui feront du lis l'emblème de la pureté de l'âme, la plus noble de toutes, de l'oranger l'emblème de la pureté du corps.

Les esprits malicieux diront que la fleur d'oranger est le prélude du fruit aux couleurs jaunes, couleur du mariage. |

Pour leur plaire citons une fable, qui du reste n'est pas déplacée dans le vocabulaire du langage des fleurs.

C'est la lutte entre la rose et l'oranger, — entre l'amour et la chasteté.

LA ROSE ET L'ORANGER

Un jour, surgit une querelle
Entre la rose et l'oranger.
On est toujours jaloux de l'amour d'une belle,
Et les deux fleurs, pour l'insecte léger,
Pour le beau papillon entre elles disputaient
Et prétendaient
Chacune avoir seule droit à la cour,
Du brillant insecte d'amour.
— Ma couleur, dit la rose, en tout temps fut l'em-
[blème
Des plus amoureux sentiments.
On m'offre à l'objet que l'on aime ;

Je suis la fleur chère aux amants.
Maintes coquettes,
Filles d'amour, Laïs, lorettes,
Aiment m'avoir dans leurs cheveux,
Où me cueillent leurs amoureux.
— Moi, répond l'oranger, c'est la virginité,
L'amour pur que je représente ;
Ma couleur dit la chasteté,
Et plus que la Vénus, la Vierge est séduisante.
Sur ce discours, survient le papillon,
Et, sans hésiter il se pose
Amoureusement sur la rose
A la parure vermillon.
— Je préfère, dit-il, mille fois la caresse,
Avec la douce volupté
Qu'à son amant Vénus prodigue avec largesse,
Au baiser à ravir à la virginité.
La rose est le plus bel emblème
Que l'amour véritable ait pris ;
Aux vierges l'oranger fait bien un diadème,
Mais je l'abandonne aux maris :
La couleur de son fruit est un triste présage ;
Je me garde du mariage
Comme de tout ce qui jaunit.
Mais l'oranger blessé lui dit :
— Je ne désire pas, insecte trop volage,
Posséder ton amour,
Car il est inconstant et ne dure qu'un jour.

— D'accord, repart l'insecte à la riche toilette,
       Je suis inconstant, mais ta fleur
           Décore quelquefois
       De fausses vierges sans pudeur.

Dans le dictionnaire du langage des fleurs que nous établirons plus loin, nous donnerons les significations suffisantes de l'immense variété des fleurs aux parures blanches, comme de celles qui allient au blanc de leur corolle les teintes nuancées de leur cœur.

Passons au noir.

Le noir n'est pas dans la nature vivante, parce que le noir est la couleur des ténèbres, du néant, de la mort.

Il n'y a pas de fleurs réellement noires, de même qu'il y a toujours quelque chose de vivant dans les sentiments même les plus sombres et les plus désespérés.

Aussi le deuil se pare-t-il de fleurs colorées que la douleur assombrit d'un voile de crêpe.

*
* *

Les couleurs primitives donnent, par leur alliage simple, les six couleurs suivantes :

rouge, violet, bleu, vert, jaune, marron.

Ces six couleurs principales répondent aux sentiments suivants :

*lutte,   puissance,   confiance,   avenir,
ardeur,   consolation,   tendresse,   espérance,
             joie,   passé,
          richesse,   défiance.*

Dans chaque couleur il y a une infinie variété de tons et de nuances, et chacun d'eux répond à l'une des variétés de sentiments dérivés de ceux que nous venons de dire, avec cette classification originaire que dans tous les sentiments dont le rouge est l'emblème, nous trouverons une signification « d'ardeur », de « lutte » ; de même que dans tous ceux que le bleu interprète l'idée de « tendresse » ou de « confiance »

Bouton d'or. — Richesse qui éloigne.

sera retrouvée. Il en sera de même pour les autres couleurs.

Ces six couleurs forment, avec le blanc, les sept couleurs sacrées, les couleurs prismatiques.

Les anciens avaient consacré aux sept planètes principales, dont ils proclamaient l'influence, les sept couleurs fondamentales ; et c'est précisément sur l'influence qu'ils accordaient à ces planètes qu'ils accordaient aux couleurs correspondantes les significations qui en découlent.

Les sept planètes de l'astrologie ont donc les couleurs suivantes :

SATURNE, l'astre du passé et de la fatalité, a pour couleur le *marron;*

JUPITER, l'astre de la puissance et de la protection, a le *violet;*

MARS, l'astre des ardeurs guerrières, a le *rouge;*

LE SOLEIL, l'astre de la fécondité et de la vie, a le *jaune;*

VÉNUS, l'astre de la foi, a le *bleu;*

MERCURE, l'astre du changement, a le *vert,* et

la LUNE, l'astre de la pureté du firmament, a le *blanc*.

L'analogie préside à cette sélection.

C'est la base tout entière du poétique langage des fleurs.

LES TONS ET LES NUANCES

Tout d'abord les couleurs franches se modifient par les tons.

Elles sont *pâles*, *vives* ou *foncées*.

De ces tons nous tirerons une première interprétation.

La *pâleur* dira évidemment la faiblesse dans la lutte, si c'est du rouge qu'il s'agit, la modération ou l'impuissance dans l'ardeur ; la puissance qui s'éteint, avec le violet ; la tendresse douce ou la foi timide, avec le bleu ; l'avenir à peine naissant, avec le vert; la joie modérée, avec le jaune; et la tristesse vague du passé avec le marron.

Les tons vifs donneront de la force aux significations des couleurs.

Les tons foncés les assombriront, les « concentreront » pour ainsi dire, comme se concentrent dans l'âme les pensées qu'on n'ose ou qu'on ne peut épandre.

*
* *

Il y a ensuite les nuances dont la gamme est réellement infinie.

On a donné aux principales les noms d'objets dont elles se rapprochent, et, pour en présenter une idée, nous allons en énumérer quelques-unes seulement, les plus généralement connues.

De la combinaison des tons et des nuances avec chaque couleur naissent les variétés principales, dont nous donnons en même temps la signification.

Le ROUGE comprend :

Rouge amarante. Ardeur prolongée.
Rouge cardinal... Ardeur sublime.

Carmin	Ardeur trompeuse.
Chair	Ardeur vacillante.
Cochenille	Ardeur puissante.
Corail	Ardeur latente.
Cornaline	Ardeur émoussée.
Cramoisi	Ardeur violente.
Écarlate	Ardeur brûlante.
Escarboucle	Ardeur vive et contenue.
Garance	Ardeur mêlée de tristesse.
Grenat	Ardeur patiente.
Incarnat	Ardeur modérée.
Ponceau	Ardeur téméraire.
Pourpre	Ardeur sincère.
Rose	Ardeur timide.
Rouge	Ardeur naturelle.
Rouge vif	Ardeur exaltée.
Rouge foncé	Ardeur concentrée.
Rubis	Ardeur capricieuse.
Vermillon	Ardeur jalouse.

Le VIOLET comprend :

L'améthyste	La douleur consolée.
Le lilas	La douleur passée.

Le mauve........	La douleur calmée.
Le violet de pensée.	La douleur tendre.
Le violet pâle	La douleur affaiblie.
Le violet pourpre.	La douleur violente.
Le violet foncé...	La douleur sombre.
Le violet d'évêque.	La douleur soutenue par la foi.
Le violet tendre (la violette)........	La douleur secrète.

Le BLEU comprend :

L'azur...........	La tendresse idéale.
Le bleu de Béryl..	La tendresse confiante.
Le bleu céleste ...	La tendresse amoureuse.
Le bleu gris	La tendresse inspirée.
L'indigo	La tendresse douloureuse.
Le bleu de France.	La tendresse vive.
Le bleu marin....	La tendresse inépuisable.
Le bleu pâle	La tendresse vacillante.
Le bleu de Prusse.	La tendresse assombrie.
Le bleu de roi. ..	La tendresse rayonnante.
Le bleu saphyr...	La tendresse discrète.
Le bleu sombre...	La tendresse inavouée.
Le bleu turquoise.	La tendresse défaillante.

Le VERT comprend :

Le vert de chryso-lithe	L'espérance évanouie.
Le vert d'eau	L'espérance fragile.
L'émeraude	L'espérance soutenue.
Le vert d'herbe ...	L'espérance avouée.
Le vert naissant.	L'espérance naissante.
Le vert marin ...	L'espérance solide.
Le vert mousse ...	L'espérance affligée.
Le vert du Nil	L'espérance déçue.
Le vert olive	L'espérance secrète.
Le vert pâle	L'espérance affaiblie.
Le vert pistache ..	L'espérance robuste.
Le vert de prés ...	L'espérance vaste.
Le vert sombre ...	L'espérance douloureuse.

Le JAUNE comprend :

L'ambre	La joie délicate.
Le blond	La joie tendre.
Le cuivre	La joie pétulante.
Le jaune d'épi	La joie complète.

Le jaune d'huile..   La joie calme.
L'hyacinthe......   La joie nouvelle.
Le jaune de jaspe.   La joie troublée.
Le jaune pâle.. .   La joie affaiblie.
Le jaune vif......   La joie vive.
Le jaune foncé...   La joie concentrée.
Le jonquille. ....   La joie impure.
L'or............   La joie exubérante.
L'orange ....   La joie constante.
Le safran........   La joie du passé.
Le saumon.......   La joie ardente.
Le soufre........   La joie funeste.
Le topaze........   La joie calme.
Le jaune thé .....   La joie affectueuse.

Le MARRON comprend :

Le brun ....   La défiance d'esprit.
Le bronze... ...   La défiance sombre.
Le carmel ....   La défiance secrète.
Le châtain.......   La défiance du cœur.
Le fauve... ...   La défiance jalouse.
Le marron de
feuilles mortes.   La défiance éteinte.

L'isabelle ., . . .	La défiance instable.
Le marron clair.	La défiance qui se rassure.
Le marron foncé.	La défiance concentrée.

Il y a d'innombrables variétés qui ne peuvent trouver place dans cette nomenclature forcément restreinte, qui n'a eu pour but que de présenter les principales divisions que les tons et les nuances forment dans les couleurs principales.

Les autres variétés se retrouveront dans le vocabulaire, avec l'interprétation de chaque fleur, et, suivant notre méthode, qui est absolument rationnelle, l'analogie présidera seule aux déductions significatives des emblèmes, des pensées et des sentiments qui composent le langage des fleurs, en tenant compte, tout à la fois, de la couleur, de la forme et du parfum de chacun de nos gracieux interprètes.

VOCABULAIRE

DU

LANGAGE DES FLEURS

A

ABRICOTIER, *blanc rosé*. — Insensibilité du cœur, amour qui n'est pas payé de retour : Je vous aime et vous ne m'aimez pas.

ABSINTHE, *blanc verdâtre*. — Manque d'égards, reproche, amertume : Pourquoi me causer cette peine amère ?

ACACIA, *blanc*. — sans abandon ; impassibilité ou amour : Mon amour suffit à ma flamme.

A. *rose*. — Désir de plaire, coquetterie, élégance : Vous avez su me charmer.

Acanthe, *blanc terne*. — Sentiments artistiques, pureté des formes : Votre grâce m'inspire.

Achanie, *rougeâtre*. — Sentiments d'amour abstrait : Je voudrais être seul avec vous pour vous prouver mon amour.

Achillée, *jaune*. — Amour qui a lutté et qui s'est éteint, considérations qui empêchent d'aimer : Je comprends que je n'ai pas le droit de vous aimer.

Aconit, *bleu*. — Fausse sécurité, inimitié cachée : Méfiez-vous des ennemis qui vous entourent et que vous ne soupçonnez pas.

Acoce, *jaunâtre*. — Joie du cœur : C'est à vous que je dois mon bonheur.

Actée (herbe de saint Christophe), *blanc*. — Innocence naturelle, ingénuité : Puissé-je être compris de vous !

Adonis (renoncule des blés), *rouge*. — Amour ardent et simple, sentiments d'amour ignorés : Vous ne saurez jamais combien je vous aime.

Agapanthe (tubéreuse bleue), *bleu*. — Douce volupté, confiance dans le bonheur : Je n'ai de plus grand bonheur que mon amour pour vous.

Agératum, *bleu*. — Confiance, modestie : J'attends avec impatience que vous vous prononciez.

Agnus castus (gatilier), *multicolore*. — Diversité : Attendez quelque peu, tout va changer.

Airelle, *rose* et *rosée*. — Faute d'amour : Laissons ignorer notre bonheur.

Alcée (rose trémière), *blanche*. — Simplicité de goûts.

A. *rose*. — Élévation de pensées.

A. *mauve*. — Regrets du cœur.

A. *panachée*. — Légèreté, inconstance.

Alisier, *blanc*. — Bonne réputation, estime : Je vous estime et vous respecte.

Aloès, *blanc*. — Indifférence en amour.

A. *rouge*. — Dédains d'amour qui irritent.

Alpiste (feuillage vert et blanc, employé comme garniture de bouquet). — Espérez en moi ; croyez-en la pureté de mes sentiments.

Amandier, *rosé*. — Douceur amoureuse : Qui ne vous aimerait pas ?

Amaranthe, *rouge brun*. — Amour durable, que rien ne lassera.

AMARANTHE *rouge sanguin*. — Amour vrai, prêt à lutter contre tous les obstacles.

AMARYLLIS *rose* (belladone). — Coquetterie trompeuse, artifices d'amour.

A. *rouge* (dite A. de Guernesey). — Provocation.

A. *jaune*. — Sentiments tardifs, coquetterie hors d'âge.

AMÉTHYSTÉE, *bleu pâle*. — Amour confiant : Oui, je crois en vous et je vous aime tendrement.

AMORPHA, *indigo à points d'or*. — Foi robuste, confiance à toute épreuve.

ANCOLIE, *chair*. — Passion qui trouble la raison.

A. *bleu violâtre*. — Amour sans résultat qui exaspère.

ANDROMÈDE, *blanc*. — Approche d'hyménée.

A. *rougeâtre*. — Approche de bonheur.

A. *jaunâtre*. — Approche de richesses.

ANÉMONE, *bleue*. — Persévérance et confiance.

A. *rouge*. — Persévérance malgré les obstacles.

Iris bleu. — Vous pouvez croire en ma tendresse.

Anémone *bleue et jaune*. — Persévérance soutenue.

A. *rouge et jaune*. — Persévérance qui sera récompensée.

Angélique, *jaune*. — Haute opinion : Vous m'inspirez les plus nobles pensées.

Anis, *jaune*. — Comptez sur mon appui.

A. *rouge*. — Comptez sur mon amour.

Auserine, *pourprée*. — Inimitié : Mon amour se change en haine.

Anthémis, *blanche*. — Amour terminé.

A. *rose*. — Affection incomprise.

A. *bleue*. — Confiance affectueuse.

Antholyse, *rouge*. — Passion qui déborde.

A. *éclatante*. — Amour qui dure depuis longtemps.

Anthyllide, *jaune*. — Richesse de cœur.

A. *purpurine*. — Proposition d'enlèvement.

Aotus, *jaune rayé de pourpre*. — Visite prochaine, démarche : Attendez-vous à une visite, à une démarche de ma part.

Apalanche (garniture de bouquet). — Gardez bien le secret que je vous ai confié.

ARBOUSIER, *blanc*. — Employé pour désigner le repas du matin : Vous me verrez ou vous recevrez de mes nouvelles à déjeuner.

A. *rouge*. — Employé pour désigner le repas du soir.

ARGÉMONE, *jaune*. — Je ne l'aime pas.

A. *blanchâtre*. — Elle ne m'aime pas.

A. *rougeâtre*. — Ils ne s'aiment pas.

ARGOUSIER, *jaune*. — Quand me donnerez-vous ce que vous m'avez promis ?

ARISTOLOCHE, *pourpre obscur*. — Je m'élèverai jusqu'à vous.

A. *jaune vif*. — Tâchez d'arriver jusqu'à moi.

ARMOISE (citronelle), *jaune*. — Amour conjugal : Je ne me laisserai pas détourner de mes devoirs.

ARNICA, *jaune*. — Fin de souffrance : Nos ennuis vont bientôt finir.

ARUM, *jaune*. — Richesse du cœur.

A. *verte* en dehors et *pourpre* en dedans. — Amour qui ne trompera pas.

ASTER, *bleu et blanc*. — J'ai confiance en vous.

A. *purpurin*. — Aimez-moi.

Aster *blanc*. — Je ne sais pas si je vous aime.

A. *violet*. — Je ne peux pas.

Astragale, *jaune*. — Vanité, vantardise.

Athéa, *blanc rayé de pourpre*. — Amitié tendre.

Aubépine, *blanche*. — Soyez prudent.

A. *rose*. — Je crois en votre cœur.

Aucuba, *brun* (s'emploie surtout comme entourage de bouquet). — Je suis triste sans vous.

Aunée, *jaune*. — Sentiments généreux.

Azalée, odorant, *blanc*, *rosée* ou *rose*. — Je suis heureux de vous voir aimer ainsi.

A. non odorant, *blanc*, *rosée* ou *rose*. — Je serais si heureux si vous m'aimiez.

B

Bacchante, *blanc*. — Innocence cachée sous la légèreté apparente.

Baguenaudier, *rouge*. — Amourette.

Balsamine, *de couleurs franches*. — Amour impatient.

B. *couleurs panachées*. — Amour dédaigné.

BANKSIA, *jaune*. — J'attends que vous veniez à moi

Cette fleur n'a cette signification que si elle est envoyée par un homme : envoyée par une femme, elle signifie : Je viens à vous la première. En effet, le banksia a cela de particulier que le style se courbe successivement sur sur chaque anthère, de telle sorte que c'est la femelle qui fait les avances au mâle.

BASILIC, *blanc*. — Je garde le souvenir de votre mépris.

BECKÉE, *blanche*. — Joie à l'approche des fiançailles.

BEGONIA, *rose pâle*. — Cordiale amitié.

BELLE DE NUIT, *de couleur franche*. — Amour caché.

B. *panachée*. — Lasciveté.

BETOINE, *rouge*. — Vive et solide amitié.

BLÉ, en épis. — Sentiments généreux, richesse du cœur.

BLUET, *bleu*. — Amant délicat, timide : Je n'osais pas vous dire que je vous aimais.

BOLTONIA, *blanche à rayons bleus*. — Confiance dans la pureté du cœur.

BOULE DE NEIGE, *blanche*. — Fierté du cœur.

BOURRACHE, *bleu, raies rouges, cercle blanc*. — Amour ancien qui ne revient pas.

BOUTON D'OR. — Richesse qui éloigne.

BRUNELLE, *violette*. — Regret d'aimer.

BRUYÈRE, *rose*. — Amour robuste dans la solitude.

B. en entourage. — Espoir qui ne sera pas trompé.

BUIS, en entourage. — Résistance.

BUTOME, *rosée* (glaïeul aquatique). — Employé pour donner l'heure d'un rendez-vous ; on laisse à la hampe le nombre de fleurs correspondant à l'heure voulue, et la grappe de fleurs en ombelles est placée au cœur du bouquet.

C

CACALIE, *blanche*. — Projets innocents.
C. *aurore*. — Désirs d'amour.

CALANDRINE, *glauque* en dessus, *rougeâtre* en dessous. — Amour égal à la richesse.

CALCÉOLAIRE, *jaune*. — Générosité.

C. *jaune* et *pourpre*. — Amour puissant.

C. *jaune très pâle*. — Promesse de mariage.

C. *violet*. — Demande d'excuse pour un retard.

CALLICOME, *blanchâtre* — Prochaine union.

CALOMÉRIE, *brune à bords purpurins*. — Indifférence simulée.

CAMÉLIA, *blanc*. — Bonheur partagé.

C. *rouge vif*. — Amour trompeur.

C. *rose*. — Amitié de femme.

C. *écarlate*. — Amour qui honore.

C. *jaunâtre*. — Retard regrettable.

CAMPANULE (miroir de Vénus), *violette*. — Coquetterie cruelle.

CAPUCINE, *jaune*. — Joie sensuelle.

C. *marron*. — Indifférence.

C. *pourpre*. — Domination.

CARMENTINE, *blanche*. — Fiançailles.

C. *rouge éclatant*. — Amour satisfait.

CARTHOME, *bleu.* — Robuste confiance, fidélité.

CHATAIGNIER, *rosé.* — Fidélité à toute épreuve.

CHÉLIDOINE, *jaune.* — Affection généreuse.

CH. *rouge.* — Amitié vive.

CH. *violette.* — Amour maternel.

CHÈVREFEUILLE, *blanc jaunâtre.* — Liens d'amitié.

CH. *rouge.* — Liens d'amour.

CH. *blanc.* — Liens purs de tout amour.

CH. *jaune* en dedans, *rouge* en dehors. — Liens d'amour et de chair.

CHIRONE, *rouge.* — Amour passionné : Je me donne tout entière à vous.

CHRYSANTHÈME. — (Voyez ANTHÉMIS).

CHRYSOCOME, *jaune d'or.* — Je vous donnerai toutes les joies.

CINÉRAIRE, *bleue.* — Attachement dans la douleur.

C. *jaune.* — Souvenir douloureux.

C. *bleue à rayons blancs.* — Deuil du cœur.

CLÉMATITE, *blanche*. — Puissé-je arriver jusqu'à vous.

C. *blanche et odorante*. — Écoutez mieux votre cœur.

C. *bleue et double*. — J'ai l'espoir que vous vous laisserez fléchir.

CLŒTHRA, *rosée*. — Amitié discrète.

COBÉA, *violette*. — Pardon, repentir : Vous pardonnerez à mon repentir.

COLCHIQUE, *blanche*. — Ferveur.

C. *rouge*.— Ardeur.

C. *panachée*. — Jalousie.

CONVOLVULUS, liseron *rouge*. — Importunité en amour.

C. *blanc*. — Amour pudique.

C. *bleu*. — Tendresse constante.

C. *panaché*. — Légèreté du cœur.

COQUELICOT, *rouge*. — Amour calme : mon cœur brûle quand mon visage reste calme.

CORÉOPSIS, *jaune* ou *marron*. — Rivalité en amour.

CORONILLE, *jaune*. — Richesse qui conduit à l'amour : Rien ne me sera impossible.

CORRÉA, *blanc.* — Tendre et chaste affection.

CORYDALE, *rose.* — Amitié tendre, affection délicate.

COSMOS, *violet rouge.* — Amour contrarié, déclaration attendue.

COTYLET, *rouge.* — Vif plaisir : Le bonheur de vous voir est le plus grand que j'éprouve.

C. *jaune.* — Vive joie : J'ai été bien heureux de vous voir hier.

COUCOU, *jaune.* — Joie partagée, retard : Attendons un moment plus propice. — Il faut bien nous contenter du bonheur présent.

CRAPAUDINE, *blanche.* — Tendre adoration ; entre dans la composition des bouquets de fiancés.

CRÉPIDE, *fleurons jaunes à disques noirs.* — Joie mélangée. Ne laissez pas affaiblir le bonheur que j'éprouve.

C. *rouge tendre.* — Ardents sentiments d'amour. Mon ardeur ne s'éteindra jamais.

CRÊTE DE COQ, *rouge.* — Impatience. Je suis impatient de connaître vos sentiments.

CRÈTE DE COQ, *jaune*. — Retard. Pourquoi ne pas répondre à mon amour?

CROCUS, *violet*. — Amitié, déception. J'ai beau croire à votre amitié, vous ne me la manifestez jamais.

C. *jaune*. — Joie dans l'amitié. Je suis si heureux quand je vous vois.

C. *rouge*. — Ardeurs d'esprit. Pas un instant je ne cesse de penser à vous.

C. *bleu*. — Tendresse affectueuse. Vous savez bien quelle est mon affection.

C. *aurore*. — Doux bonheur. Je suis heureux quand je vous vois.

C. *en corbeille et variés*. — Tous mes sentiments ne se rapportent qu'à vous.

CROWÉE, *rose vif*. — Affection délicate. Je vous aimerai comme vous voulez.

CRYPTOLEPIS, *blanc*. — Sentiments secrets, pureté mêlée d'amour, amour que dérobe l'innocence : Vous n'osez avouer votre amour.

CURCULIGO, *jaune à écailles vertes*. — Bonheur tendre et espérance prochaine. Heureux aujourd'hui, j'ai soif d'un plus grand bonheur encore.

Curtisie, *blanche*. — Tendresse de fiancée.
— La curtisie s'envoie surtout en corbeilles aux
époques des fiançailles.

Cussonie, *blanche*. — Cœur pur et heureux.
Cette fleur sert aussi à composer les envois
quotidiens d'un fiancé.

Cyclamen, *rouge*. — Jalousie, beauté. Votre
beauté me désespère. Votre cruauté me fait
souffrir.

Cymbidier, *pourpre*. — Ardeurs d'esprit,
amour exalté. Mon cœur tout entier vous appartient.

Cynoglosse, *rouge*. — Lutte d'amour. Je
persisterai toujours à vous aimer.

Cyprès. — Arbre funéraire.

Cypripède (sabot de Vénus), *pourpre*. —
Amour ardent, passion vive : Je vous veux et
je vous désire pour aimer de toutes mes forces.

Cytise, *jaune*. — Rivalité d'amour. Vous ne
saurez pas combien vous me faites souffrir.

D

Dahlia, *blanc*. — Reconnaissance, remercîments. Je vous remercie du bonheur que vous m'avez donné.

D. *rose*. — Tendresse reconnaissante. C'est à vous que je dois la joie que j'ai goûtée.

D. *jaune*. — Reconnaissance, rivalité. Je vous remercie de ce que vous avez fait.

D. *rouge*. — Amour reconnaissant. Croyez que mon cœur vous paye de retour.

D. *rouge foncé*. — Reconnaissance, amour inavoué. Ah ! si vous pouviez comprendre mes sentiments.

D. *écarlate*. — Reconnaissance, amour compris. En me comprenant, vous avez fait mon bonheur.

D. *chair*. — Tendre reconnaissance du cœur. C'est près de vous que j'ai goûté la plus douce félicité.

D. *panaché*. — Reconnaissance, amitié. Votre accueil m'encourage.

Daphné, *rouge*. — Volupté. Il n'est pas de

bonheur comparable à celui d'être près de vous.

D. *rose*. — Tendresse voluptueuse. Votre présence m'inonde d'une douce joie.

D. *blanc* en dehors, *rouge* en dedans. — Volupté secrète. Je n'ose avouer le feu que vous allumez en moi.

DATURA STRAMONIUM, *bleu*. — Confiance ébranlée. N'écoutez pas ceux qui vous détachent de moi.

DAVÉSIE, *jaune mordoré strié de pourpre*. Richesse du cœur. Tout mon être vous appartient. (La davésie s'envoie principalement en corbeille.)

DENTELAIRE, *blanc*. — Amitié délicate. (Fleur employée pour des fiançailles.)

D. *bleu*. — Amitié confiante. J'ai confiance en vos promesses et en votre cœur.

DIANELLE, *bleu vif*. — Foi ardente. Je crois à votre amitié.

DICHORYSANDRE, *bleu*. — Tendresse passionnée. Recevez l'expression de mes plus tendres sentiments.

DIDISQUE, *bleu*. — Souvenir, amitié. Je garde le souvenir de ce que vous m'avez dit.

Didymocarpe, *bleu*. — Confiance, affection. Je veux croire à votre cœur.

Digitale, *rouge*. — Ardeurs passionnées. Je ne puis plus vous aimer sans vous le dire.

D. *jaune*. — Joie d'aimer, retard. Je serai si heureux le jour où je pourrai vous dire que je vous aime.

Dilwinie, *jaune strié de rouge*. — Souffrances d'amour. Pourquoi me faire ainsi souffrir ?

Dioclée, *rouge*. — Amour croissant. Chaque jour mon amour augmente.

Dodecathéon, *rose pourpre*. — Amour divin. Je donnerais le ciel entier pour votre amour.

Doryanthe, *pourpre*. — Jalousie, ferveur. Vous ne m'aimez pas comme je vous aime.

Draconnier, *rouge sang*. — Colère d'amour. Ne me torturez plus ainsi.

D. *pourpre*. — Colère, raison. Il faut bien que j'aie la force de contenir mon amour.

D. *blanc*. — Colère passée. Mon ressentiment s'est calmé ; j'ai foi en vous.

Lis blanc. — Pureté.

Dryade, *blanche*. — Tendresse, confiance. — La Dryade s'envoie à une fiancée.

E

Ebénier, *jaune*. — Impatience d'affection. Pourquoi reculer toujours le moment de mon bonheur ?

Parsemé dans un bouquet. — Je languis de vous voir.

Echinocacte, *blanc*. — Amour chaste. Cette fleur s'envoie en corbeille à une jeune fille.

Edwarsier, *jaune vif*. — Affection défendue. —L'Edwarsier n'a de signification qu'adressé à une femme mariée.

·Eglantier, *rose*. — Amour léger. Amitié passagère. Vous ne m'aimez pas assez.

E. *jaune*. — Reproches, légèreté. Vous ne savez pas aimer.

Eléocarpe, *bleu*. — Confiance, amitié. Je n'ai pas d'autre ami que vous.

Embothrium, *jaune*. — Joie, faveur. Vos sourires font mon bonheur.

E. *pourpre*. — Joie, ardeur. Vos regards ont allumé mon amour.

ENKIANTHE, *rose foncé*. — Amitié partagée. Croyez que je partage votre affection.

EPOCRIDE, *rouge purpurescent*. — Ardeur jalouse. Je voudrais être seul à vous approcher.

EPHÉMÉRINE, *bleu violet*. — Confiance troublée. J'ai peur que votre amitié ne dure pas.

EPILOBE, *rouge violâtre*. — Cruauté, amour. Vous prenez plaisir à me torturer.

E. *blanc*. — Insensibilité, étourderie. Vous ne savez pas lire en mes yeux.

EPIMÈDE, *jaune à calice brun*. — Défiance du cœur. Je me défie de ceux qui vous entourent.

ERABLE, *verdâtre*. — Espoir de bonheur. Espérons en l'avenir.

E. *rougeâtre*. — Bonheur prochain. Nous ne tarderons pas à être heureux.

ERINE, *rose*. — Douce amitié, beauté. Votre beauté a touché mon cœur.

ERIOCÉPHALE, *blanc teinté de rouge*. — Pureté, amour. Je vous aime et je vous respecte.

ERYSINUM, *jaune*. — Souvenirs douloureux. Efface cette peine de mon cœur.

ESCALLONIE, *blanche*. Tendresse, affection. Cette fleur se donne en corbeille à une jeune fille.

EUPHORBE, *rouge*. — Amour récent. C'est vous qui inspirez mon cœur.

E. *brun*. — Amour passé. Vous disiez que vous m'aimiez tant.

EUTAXIE, *orange taché de mordoré*. — Caprices qui troublent l'amour. Je ne suis jamais sûr que vous m'aimiez.

F

FABIENNE, *blanche*. Délicatesse de sentiments. — Cette fleur sert à composer les bouquets envoyés à une fiancée.

FABRICIA, *glauque*. — Retard dans l'espérance. — Combien de temps encore dois-je soupirer après votre amour ?

FENOUIL. — (Voyez ANIS).

FERRAIRE, fleurs *pourpre foncé* et *velouté*, avec bande *blanche* et taches *jaunes*. — Amour vite éteint. — Faut-il que votre affection soit fragile !

(Ces fleurs ne durent que quelques heures.)

FICOÏDES. — Comme la plupart des plantes grasses, les diverses ficoïdes ne s'envoient qu'en pots coquettement dissimulés dans des paniers, des touffes de rubans et de la mousse.

FLEUR DES VEUVES. — (Voyez SCABIEUSE.)

FONTANÉSIE, fleurs *blanches* qui deviennent *rouges* en s'épanouissant. — Amitié, métamorphose du cœur. — Puisse votre affection se changer en amour.

FOTHERGITTE, *blanche*. — Pétulance, ingénuité. — Vos chastes regards font éclore mes sentiments.

FRANCOA, *rose strié*. — Tendresse du cœur. Cette fleur n'est envoyée que pour célébrer une fête ou un anniversaire.

FRAXINELLE, *pourpre*. — Reconnaissance, remercîments. Je me souviendrai toujours de votre encouragement.

F. *blanche*. — Amitié, reconnaissance. — Je garde la mémoire de votre amical témoignage.

F. *panachée*. — Remerciements. Croyez à ma sincère gratitude.

FRITILLAIRE, *blanche*. — Admiration. — Votre grâce m'a pénétré.

F. *jaune*. — Dévouement. — Vous avez en moi un ami sur lequel vous pouvez compter.

F. *pourpre*. — Dévouement absolu. — Pour vous, je suis prêt à tous les sacrifices.

F. DÉPERSE, *noir violet*. — Abnégation, sacrifice. — Je renonce à tout jusqu'au jour où vous répondrez à mon amour.

FUCHSIA, *blanc*. — Tendre adoration. — Mon amour est le culte de mon cœur.

F. *rouge*. — Ardeurs, sentiments vifs. — Vous seule occupez ma pensée.

F. *rouge et violet*. — Inquiétude du cœur. — Pourquoi hésitez-vous encore?

F. *blanc* et *rouge*. — Promesse de bonheur. — Dites un seul mot et vous me rendrez heureux.

F. *écarlate*. — Serment d'amour. — Croyez à mes serments, ils sont sincères.

FUSAIN (en entourage de bouquet). — J'attends votre portrait.

G

GAILLARDE, *rayons orange et pourpre, disque brun.* — Affection soutenue, encouragement. — Dites un mot pour m'encourager.

G. *rayon cramoisi foncé, disque jaune.* — Demande. — Donnez-moi quelque espérance.

GALAXIE, *violette.* — Rendez-vous. — Je garde le doux souvenir de cette entrevue.

G. *purpurine.* — Demande de rendez-vous. — Quand pourrai-je vous voir?

G. *lilas.* — Souvenir de rendez-vous. Faites que cette entrevue ne soit pas la dernière.

GALÉGA, *blanc.* — Simplicité, raison. — Je cherche à imposer silence à mon cœur.

G. *bleu.* — J'ai confiance en vous.

G. *rosé.* — Amitié raisonnable. — Suivez les conseils que je vous ai donnés.

GARDENIA, *blanc.* — Plaisir, honneur. — Je comprends l'honneur que vous me faites.

Envoyé à une fiancée, le gardénia signifie sincérité dans l'affection.

GASTROLOBIER, *rouge brun mêlé de jaune*

foncé, avec étendard strié de rouge. — Respectueux et vif souvenir. Cette fleur superbe s'envoie dans des circonstances spéciales : fêtes, dîners, etc.

GAURA, *fleur à calice rouge à corolle d'abord rouge devenant ensuite blanche.* — Désirs d'amour. — Lorsque mes fleurs se fermeront je serai près de vous.

(Les fleurs du Gaura se ferment le soir.)

GAZANIE, *grandes fleurs blanches en dessous, orangées en dessus à rayons violet foncé.* — Déclaration d'amour. Votre sourire a versé l'amour dans mon âme.

GEISSOMERIE, fleurs *imbriquées.* — Fierté, mépris. — Vos dédains me torturent.

G. EN ENTONNOIR, *jaune.* — Oubli. — Je souffre dans l'oubli et l'éloignement.

GENET, *jaune.* — Préférence. — Vos préférences me tourmentent.

GENTIANE, *jaune moucheté de poupre.* — Absence, regrets. — Je souffrirai tant que vous serez loin de moi.

G. *jaune en* et *roue.* — Séparation. — Pourquoi me fuir ainsi ?

GÉRANIUM, *blanc*. — Froideur. — Vous ne croyez pas à mon amour.

G. *lilas clair*. — Peine de cœur. — Ne vous affligez pas, je vous en prie.

G. *blanc et rouge*. — Amitié affligée. — Vous m'avez causé une grande peine.

G. *rouge*. — Retour. — Quand reviendrez-vous !

G. *écarlate*. — Ardeur, lutte. — Je n'écoute que mon cœur.

G. *saumon*. — Tendresse, affection. — Votre image est toujours devant mes yeux.

G. *chair*. — Volupté, plaisir. — Rien ne vaut le bonheur d'être auprès de vous.

G. *rose*. — Protection. — Mon amitié vous entoure.

GÉRANIUM ROSAT. — Douceur, aménité. — Je suis sous le charme de votre pensée.

GERMANDRÉE, *bleue*. — Affection pieuse. — Je vous aime et vous respecte.

G. *purpurine*. — Affection funeste. — Méfiez-vous de celui qui prétend vous aimer.

GESNÈRE, *jaune taché de pourpre*. — Somptuosité, luxe. — (La gesnère fait partie d'un envoi cérémonieux.)

GILIE, *blanche*. — Fierté, noblesse. —(Fleur à offrir à une fiancée.)

G. *chair*. — Volupté. — Votre amour m'inonde de joie.

G. *tricolore*. — Sentiments amoureux. — Tout ce qui est en moi vit pour vous.

G. *bleu foncé*. — Confiance. —Dites, je ferai tout ce que vous voudrez.

GIROFLÉE, *jaune à taches feu*. — Fidélité. — Je demeure attaché à vous

G. *rouge brun*. — Attachement. — Vous pouvez compter sur moi.

G. *blanche*. — Constance. — Mon cœur ne varie pas.

G. *rouge*. — Ardeur, fidélité. — Toujours le même amour.

G. *violette*. — Consolation. — (Cette espèce n'entre pas dans les bouquets ; on la réserve pour les tombes.)

GIROFLÉE QUARANTAINE (quelle que soit la couleur). Vanité, suffisance.

GLAÏEUL. — (voir Butome, glaïeul aquatique).

Le glaïeul, au centre d'un bouquet, sert à indiquer l'heure d'un rendez-vous.

GLOBBA, *corolle blanche rayée de rouge*. — Admiration, hommage. (Cette plante s'envoie à l'occasion d'une soirée.)

GLOBULAIRE, *bleu clair*. — Confiance, sécurité. — J'ai foi en votre cœur.

GLYCINE, *bleu légèrement violacé*. — Tendresse, aspiration. — Laissez-moi vous approcher.

GLYCOMIS, *blanche*. — Sincérité. — (Le glycomis, entièrement fleuri, s'envoie un jour de contrat.)

GNAPHALE (bouton d'argent). — Pureté et noblesse. — Mes sentiments ne sauraient vous offenser.

GORDONIA, *blanc*. — Affection pure. — (Cette fleur s'offre à une fiancée.)

GOUDENIE, *jaune*. — Reconnaissance. (Les goudenies s'envoient cérémonieusement ornées de rubans roses ou mauves, dans des circonstances solennelles.)

GOUDYÉRIE, *blanche*. — Amour virginal, désirs ardents. — (Les goudyéries ne peuvent être offertes à une fiancée qu'à l'approche du mariage, à cause de la signification d'ardeur qu'exprime le coloris rouge de leur feuillage.)

GOUDIE, *jaunes pointillées de rouges sur l'étendard.* — Témoignage, distinction. — (A offrir en remerciement d'une faveur, dans des corbeilles délicatement ornées.)

GRENADIER, *rouge.* — Amour passionné. — Je veux que vous soyez à moi.

GREUVIA, *rose pâle.* — Estime, amitié. — (Fleurs ornementales qu'on envoie dans une maison amie à l'occasion d'un dîner.)

GRISLÉE, *rouge vif.* — Vive reconnaissance. — (Ne s'envoie qu'en corbeille ornée.)

GUEULE DE LION (quelle qu'en soit la couleur). — Amitié, désirs. — Ne restez pas longtemps sans venir.

H

HÉLÉNIE, *jaune d'or.* — Richesse du cœur, force. — Votre cœur est plein de trésors.

HÉLIOTROPE, *blanc.* — Tendre attachement.

(Cette fleur peut se placer dans les bouquets offerts à une fiancée.)

H. *bleu*. — Énivrement, amour pur. — Je vous aime et ne me lasse pas de le dire.

HÉLONIAS, *rose*. — Amour sincère. — Je tiens à vous plus qu'à la vie.

HÉMANTHE (fleur de sang), *rouge*. — Dévouement. — Mon cœur est prêt à tous les sacrifices.

HÉMÉROCALLE (lis fauve), *jaune*. — Orgueil, vanité, suffisance.

HÉMITOME, *écarlate*. — Recrudescence d'amour. — Ma flamme est plus vive chaque jour.

HIBBERTIE, *jaune brillant*. — Éloignement, rupture.

HORTENSIA, *couleurs changeantes, passant du vert au rose puis au blanc, et quelquefois au violet et au rose*. — Froideur, caprice, amour du changement. — Votre froideur me désespère.

HOTTEYA, *blanche* (exotique). — Amour pur, promesse de bonheur. — (S'envoie en corbeille décorée pour fiançailles).

HOUBLON. — Amertume, injustice. — Vous m'avez mal jugé.

HOUSTONIA, *rouge vif*. — Attachement amoureux. — Je suis à vous pour toujours.

HOVÉE, *bleue*. — Cordial dévouement, confiance absolue. — (Cette superbe plante s'envoie à la mère de la fiancée, en même temps que le premier bouquet blanc à celle-ci.)

HOYER, *blanc*. — Bonheur prolongé. — Puissé-je vous rendre toujours heureux.

HYDRASTE, *blanc*. — Félicité. — C'est près de vous seule que je suis heureux.

HYPÉRICUM, *jaune*. — Oubli du passé. — Vous n'avez rien à redouter de moi.

HYPOXIDE, *très belles fleurs vertes et jaunes nuancées*. — Espérance de bonheur. — C'est entre vos mains qu'est désormais mon bonheur.

HYSOPE, *blanc*. — Froideur, indifférence.

I

IBÉRIDE (téraspic), *blanche*. — Satisfaction. — Vous me rendez bien heureux.

IF (arbuste funéraire). — Deuil, tristesse, solitude.

IMMORTELLE (fleur de deuil, quelle qu'en soit la couleur). — Regrets éternels.

IPONÉA, *pourpre ou écarlate*. — Désir de briller, envie de plaire.

IRIS, *bleu* ou *bleu violacé*. — Constance. — Vous pouvez croire à ma tendresse.

I. *blanc et bleu*. — Doux attachement. — Je vous aime bien sincèrement.

I. *jaune*. — Joie intime. — Je ressens le plus doux bonheur.

IRIS DE SUZE (iris en deuil), *brun rayé de pourpre*. — Douleur après la séparation. — Je n'aimerai jamais une autre que vous.

IRIS DE FLORENCE, *blanc*. — Amour candide, attachement sincère.

ISOTOME, *bleu*. — Tendresse, affection. — Vous avez le don de vous faire aimer.

Narcisse. — Vous n'avez pas de cœur.

Ixia, de toutes couleurs. — Sincérité, affection durable.

J

Jacinthe, *blanche*. — Fidélité, affection tendre. — (Elles peuvent s'offrir à une fiancée en corbeille, mais avec d'autres plantes bulbeuses d'un parfum plus doux.)

J. *bleue*. — Attachement, confiance. — Laissez-moi croire à votre amour.

J. *rouge* ou *rose*. — Vive amitié, ardeur. — Je vous aime de tout mon cœur.

J. *jaune* et *jaune d'or*. — Richesse, joie. — Mon plus grand désir est de vous plaire.

Jasmin, *blanc*. — Amour naissant.

J. *jaune*. — Volupté, plaisir. — Je veux que vous soyez la plus heureuse.

Jonquille. — (Voyez Narcisse.)

Joubarbe, *jaune* ou *rose*. — Bonheur d'amour.

K

KALMIE, *rouge.* — Foi vive. — Je ne crois qu'en vous.

KEMPFÈRE, *blanc* et *pourpre.* — Confiance et amour. — Je vous crois, parce que je vous aime.

KENNEDIE, *rouge avec une tache verte.* — Je vous aime et j'espère toujours.

KETMIE. — (Voyez ATHÉA.)

KITAIBELLE, *blanche.* — Sécurité, confiance, tendresse.

L

LACHNÉE, *blanche* ou *rose.* — Délicate amitié, service rendu.

LACHENALE, *jaune.* — Départ. — Pensez à moi pendant que je ne serai pas là.

L. *rouge* ou *pourpre.* — Retour. — Je me hâte de revenir à vous.

LAGUNÉE, *rose violacé.* — Cruauté, froideur calculée. — Vous êtes cruelle pour moi.

Lambertia, *rose*. — Demande de rendez-vous.

Lamium, *blanc rosé*. — Amitié tutélaire. — Votre pensée me soutient et votre amitié me protège.

Lampette ou Lychnide, *rouge* (croix de Jérusalem). — Tout ce que je souffre, c'est pour vous.

L. *jaune*. — Indifférence, rupture.

L. *rose*. — Blessure au cœur.

Lapeyrousie, *rose vif*. — Vive amitié que l'on désire inspirer.

Lasiopétale, *purpurin*. — Amour subit. — Je me suis mis du premier coup à vous aimer!

Laurier-rose. — Triomphe facile. — Vous ne vous réjouirez pas longtemps.

Lavande, *bleue*. — Tendresse respectueuse. — (Cette fleur ne peut pas s'offrir seule ; on ne l'emploie que comme garniture.)

Lebretonie, *écarlate très brillant*. — Amour le plus ardent. — Je vous adore.

Léchenaultie, *pourpre*. — Grandeur, élévation. — Il n'y a que votre amour qui puisse m'élever jusqu'à vous.

LÉIOPHYLLE, *blanche*. — Hommage à l'amour innocent (fleur de fiançailles).

LIATRIS, *rouge pourpre*. — Amour, déclaration. — Vous êtes ma vie entière.

LIBERTIE, *blanche*. — Premier amour. — (Ne s'envoie qu'en corbeille décorée.)

LIERRE. — Attachement. — Je meurs où je m'attache.

LILAS, *blanc*. — Amour, volupté. (En raison de sa signification voluptueuse, le lilas blanc ne saurait être envoyé dès les premières relations d'un fiancé agréé).

L. *mauve*. — Amitié.

LIMODORE, *blanc* et *pourpre*. — Allégresse, vive satisfaction d'amour.

LINNÉE, *rose* et *blanchâtre*. — Tendre amitié.

LIPARIA, *jaune foncé*. — Grande joie témoignée après la réception d'un billet.

LIS, *blanc*. — Pureté.

LIS JAUNE. — (Voyez HÉMÉROCALLE.)

LISERON. — (Voyez CONVOLVULUS.)

LOBELLE, *rouge cardinal*. — Amour qui emplit toute la pensée.

L. *blanche*. — Vanité, présomption.

LODDIGÉSIE, *rose pourpre*. — Amour discret. — Personne autre que vous ne connaîtra le secret de mon cœur.

LOMATIE, *jaune soufre*. — Quand serez-vous seule ?

LOPÉSIE, *rose foncé*. — Inquiétude du cœur. — Pourquoi ne vous vois-je plus ?

LAPHOSPERME, *rose*. — Nouvelle. — Attendez une lettre demain.

LUNAIRE, *rouge*. — Indiscrétion. — Je ne vous confierai plus mes secrets.

L. *blanche* ou *panachée*. — Inexactitude. — Vous n'êtes pas venue.

LYCHNIS. — (Voyez PHLOX.)

LYSIMACHIE, *jaune*. — Ne comptez plus me revoir.

M

MAGNOLIA. — Solidité d'affection.

MAHERNIE, *vermillon*. — Tendresses du cœur. — Aucun mot ne peut rendre mon amour.

MALOPE, *blanche*. — Constance, réputation. — Envoyé en signe d'estime et d'affection.

M. *rouge*. — Amitié respectueuse, hommage vif et sincère.

MALPIGHIER, *rouge pâle*. — Amourette, amusement, distraction.

M. *blanc*. — Fidélité, respect. — (Fait partie des envois quotidiens d'un fiancé.)

M. *pourpre frangé*. — Attachement, respect. — (Peut s'envoyer à la mère de la fiancée, en même temps qu'on envoie à celle-ci un malpighier blanc.)

MARGUERITE DES PRÉS, *blanche*. — Puisse cette fleur consultée vous dire quel est mon amour !

MARGUERITE DES JARDINS, *rayons jaunes*. — Tristesse. — (Elle se place de préférence sur les tombes.)

MARGUERITE (REINE-), *blanche*. — Estime, amitié. — Vous êtes aussi belle qu'aimée.

M. *bleue*. — Constance, fidélité. — Mon amour ne variera jamais.

M. *rose*. — Attachement, patience. — Dévoué à votre bonheur, j'attendrai de plus heureux jours.

MARICA, *bleu*. — Amour poétique. — Je vous vois telle qu'une divinité.

MARJOLAINE, *rosée*. — Tendresse, beauté, talent de plaire. — A qui ne plairiez-vous pas?

MARRONNIER, *blanc ou rose*. — Affection incomprise. — Vous n'avez pas compris les élans de mon cœur.

MATRICAIN, *jaune et blanc*. — Joie troublée, inquiétude naissante. — Je ne sais ce qui menace mon bonheur.

MAUVE, *blanc et violet*. — Douleur intime. — Vous ne savez pas ce que je souffre.

MÉDICINIER (MANIOC), *rougeâtre*. — Avertissement, crainte. — Un danger caché vous menace, prenez garde.

MÉLANTHE, *pourpre*. — Jalousie, amour. — Je suis jaloux de tous ceux qui vous entourent.

M. *blanc taché de pourpre*. — Irritation calmée. — J'impose silence à mon esprit et ne laisse parler que mon cœur.

MÉLIER, *rose*. — Volupté, désirs. — Quand donc serez-vous toute à moi?

MÉLILOT, *blanc*. — Indifférence, froideur. — Vous ne m'aimez pas.

MÉLISSE, *blanche*. — Raisonnement, force d'âme. — La raison m'oblige à agir ainsi.

MÉLITTE, *blanc* ou *chair à bords pourpres*. — Débordement du cœur. — Je n'écoute que mon cœur et brave tout pour vous.

MENTHE, *violette*. — Mémoire. — Je garde le souvenir de votre bonté.

M. *blanche*. — Prudence. — Veillez sur vous.

MENTHE POIVRÉE, *rougeâtre*. — Jalousie. — Pourquoi m'éloignez-vous toujours ?

MÉNYANTHE, *blanche*. — Froideur. — Vous êtes donc de glace ?

MENZÉLIE, *rouge orangé*. — Liberté, désirs. — Quand serez-vous donc libre ?

MENZIEZIA, *pourpre*. — Lutte, amour. — Je m'efforce d'arriver jusqu'à vous.

MÉRENDÈRE, *fleurs blanches qui deviennent ensuite purpurines*. — Dissimulation d'amour. — Laissons ignorer notre bonheur et notre amour.

Michauxie, *blanche* ou *rose*. — Tiédeur. — Je voudrais vous voir plus aimante.

Mignardise ou mignonnette. — (Voyez OEillet.)

Mille-feuilles. — (Voyez Achillée.)

Millepertuis, *jaune*. — Prochaine séparation, attente. — Bientôt je serai libre ; attendez.

Mimosa, *jaune*. — Amour caché, sécurité. — Personne ne se doute de rien.

Mimule, *jaune à points pourpres*. — Souffrance, douleurs morales. — Je suis le plus malheureux des hommes.

Miroir de vénus. — (Voyez Campanule.)

Mitchella, *blanche*. — Pureté, affection. — Je ne vous demande qu'un peu d'amitié.

Mogori, *blanc*. — Amour grandissant. — Chaque jour je vous aime davantage.

Molène, *jaune*. — Liberté compromise. — Je ne serai pas libre.

Monsonie, *rouge rayé carmin*. — Amour tendre. — Ah! si vous saviez quel est mon amour !

Morinde, *blanc*. — Assiduité. — Je voudrais être toujours auprès de vous.

Muflier, *couleurs variées*. — Bavardage, cancan. — Vous avez tort d'écouter les mauvaises langues.

Muguet, *blanc*. — Coquetterie discrète. — Rien ne vous pare mieux que votre beauté.

Murier, *blanc*. — Prudence. — Abstenez-vous pendant quelque temps.

Murraya, *blanc*. — Discrétion, sagesse, résolution.

Murucuja, *rouge feu*. — Ardeur jalouse. — Mon impuissance me consume.

Muscari. — Même signification que Jacinthe.

Myosotis, *bleu*. — Souvenir d'amour. — Ne m'oubliez pas.

Myrte. — Force du cœur, amour à toute épreuve. — (S'emploie surtout en garniture.)

N

Naïade. — (Voyez Colchique.)

Naudine, *blanche*. — Faveur, reconnaissance.

Narcisse, *blanc*. — Froideur, égoïsme. — Vous n'avez pas de cœur.

Némophile, *bleu*. — Confiance, discrétion. — Je m'en remets absolument à vous.

Nénuphar. — Même signification que Narcisse.

Nériette. — (Voyez Épilobe.)

Nérium. — (Voyez Laurier-rose.)

Nésée, *jaune*. — Réserve. — De quels calculs votre cœur s'accommode-t-il ?

Nigelle (chevelure de Vénus), *bleue* ou *blanche*. — Tendre volupté. — Je suis bien heureux.

Nolane, *bleue*. — Poésie. — Je voudrais être Dieu pour vous plaire.

Nombril de Vénus. — (Voyez Cynoylone).

Nyctère, *bleue*. — Amour partagé, résignation. — Je serais si heureux si vous n'étiez qu'à moi seul !

O

OEillet, *blanc*. — Foi, nobles sentiments. — J'ai confiance.

OE. *rouge*. — Aventure d'amour, intrigue.

OE. *rose*. — Amitié, complaisance.

OE. d'autres couleurs ou *panaché*. — Infidélité, foi trahie.

OEILLET D'INDE, *marron*. — Séparation, divorce.

OEILLET DE POÈTE, varié de couleurs. — Admiration. — C'est votre esprit qui fait naître mon amour.

ONONIS, *pourpré*. — Faveur refusée.

ONOPORDE, *jaune*. — Éloquence. — Si je pouvais vous dire tout ce que je pense !

ORANGER, *blanc*. — Virginité, amour. — Fleur d'hymen.

ORCHIS, *blanc*. — Ferveur, tendre affection.

O. *panaché*. — Crédulité, naïveté.

ORNITHOGALE (épi de lait), *blanche*. — Faiblesse, tendresse, pureté d'intention.

ORNITHOGALE (PETITE-), *blanche*. — (Elle s'emploie pour indiquer l'heure d'un rendez-vous, et signifie « onze heures du matin », sans doute parce que ses fleurs s'épanouissent à onze heures. — On l'appelle aussi « Dame de onze heures ». — Elle est facilement reconnaissable, parce qu'elle a les fleurs plus petites que l'autre et disposées en ombelles, au lieu d'être en épis.)

P

Paquerette, quelle que soit la couleur. — Simplicité, modestie, douceur.

Parnassie, *blanche étoilée*. — Fierté. — Me permettrez-vous jamais de vous dire ce que je pense?

Passerose. (Voyez Alcée.)

Patersonie, *bleu pâle*. — Tendre amitié. — Laissez-moi être votre meilleur ami.

Pavot, *blanc*. — Songes, nuit. — Je vous vois dans mes songes.

Le pavot sert aussi à désigner le temps lorsqu'il s'agit d'un rendez-vous. — Ainsi, nous avons dit que le glaïeul, placé au centre d'un bouquet, sert à désigner les heures; s'il est accompagné d'un pavot blanc, il indique que le rendez-vous est pour le soir même; deux pavots, pour demain soir; trois pavots, après-demain.

Pêcher, *rose*. — Bonheur défendu. — Les obstacles augmentent mon ardeur.

Pédilanthe, *rouge pourpre*. — Rendez-vous

pour un bal, ou souvenir d'un amour commencé dans une soirée dansante.

PÉLARGONIUM, *blanc*. — Pureté d'intention. — Je saurai toujours vous respecter.

P. *incarnat*. — Amitié tendre. — Aimez-moi donc seulement un peu.

P. *rouge*. — Protection. — Je veille sur vous.

P. *panaché*. — Fête, joie.

PENSÉE. — Quelle que soit la couleur. — Toutes mes pensées sont à vous.

PENTAPÊTES, *pourpre*. — Hardiesse. — J'oserai tout pour vous.

PENTSTÉMONE, *violet clair*. — Confiance, attente. — J'attends avec confiance une bonne nouvelle de vous.

PERCE-NEIGE, *blanc*. — Amour vivace, épreuves. — Puisse votre amour sortir vivant des épreuves.

PÉRONIE, *cramoisi*. — Froideur simulée, indifférence affectée. — Vous savez pourquoi je ne peux vous avouer ce que je pense.

PERVENCHE, *bleue*. — Langueur. — Sans vous je ne vis plus.

PÉTROPHILE, *blanche*. — Amour inavoué.

Œillet blanc. — Nobles sentiments.

Pétunia, *quelle que soit la couleur*.—Lettre d'amour interceptée.

Des pétunias insérés dans un bouquet, offert par lui et placé dans le salon, avertissent le visiteur qu'un billet a été égaré ou intercepté.

Pétunie, *blanche*. — Avis d'un billet qui sera remis au théâtre.

Phlox, *rouge*. — Flamme d'amour. — Mon cœur brûle pour vous.

Ph. *moucheté*. — Votre amour s'éteint.

Ph. *lilas*. — Que sont devenus ces feux d'amour?

Pied-d'alouette, *quelle que soit la couleur*. — Légèreté, insouciance.

Pinkneya, *blanc rayé de pourpre*. — Je trouverai bientôt le moyen de vous voir.

Pivoine, *rouge*. — Amour ardent, avoué, déclaration d'amour.

P. *blanche*. — Sincérité du cœur.

P. *rose*. — Fidélité en affection.

P. *panachée*. — Nombreuses qualités, hommage.

Un bouquet composé uniquement de pivoines

de diverses couleurs, est toujours un hommage
rendu au mérite.

PLATYCHILIER, *bleu améthyste*. — Fleur envoyée pour rassurer après une alerte et dont la
signification est qu'il n'y a aucune raison de s'à
larmer.

PLUMIÈRE, *rouge foncé*. — Faites-moi savoir
où vous irez dimanche, j'y serai.

PODALYRE, *blanc*. — Fleur employée de préférence pour décorer une table riche un jour de
mariage.

PODOCARPE, *vertes*. — Espérance, vive inquiétude. — Rassurez-moi ; dites-moi d'espérer.

PODOLOBIUM, *jaune*. — Hommage de reconnaissance ou d'amitié. — (Fleur envoyée dans
une famille amie à l'occasion d'une fête.)

PODOLEPIS, *jaune vif*. — Même signification.

PODOPHILE, *blanc*. — Vous avez toutes les
grâces et toutes les qualités (fleur de fiançailles
à offrir dans une corbeille richement décorée.)

POIS DE SENTEUR. — Modestie.

POLÉMOINE, *bleue*. — Confiance, sincérité. —
Croyez à mon amour.

POMADÉRIS, *blanc jaunâtre.* — Avertissement. — Tenez-vous sur vos gardes.

PRENANTHE, *blanc rosé.* — Serment de fidélité.

PRIMEVÈRE, *de toute nuance.* —Amour d'en-
fance. — C'est vous seule que j'ai toujours
aimée.

PROSTANTHÈRE, *blanche mouchetée de rose.*
— Annonce de maladie rendant impossible une
entrevue ou l'accomplissement d'une promesse.

PTÉROSPERME, *blanc roussâtre.* — Reproches. — Que vous ai-je donc fait pour agir
ainsi ?

R

RAFNIA, *jaune vif.* — Joie. — Vous me rendez bien heureux.

RAISINIER, *pourpre.* — Ivresse du cœur. —
Votre amour me met en délire.

REINE-MARGUERITE. — (Voyez MARGUERITE.)

RENONCULE, *blanche.* — Indifférence, oubli,
reproches.

R. *jaune d'or.* — Ingratitude, douleur.

R. *rouge*. — Chagrins, peines de cœur.

RÉSÉDA. — Tendresse, qualités. — C'est de votre cœur que je suis épris.

RHEXIA, *rouge*. — Vivacité d'esprit.

RHINCANTHÈRE, *violet vif*. — Trahison. — Méfiez-vous, on vous trahit.

RHINDÈRE, *jaunâtre*. — Caprices, inconstance. — Que sont devenus vos serments ?

RHIPSALIS, *jaune roux*. — Mauvaise humeur. — Que vous avais-je fait ?

RHODODENDRON, *bleu rosé*. — Tendresse, élégance. — Est-ce pour moi que vous êtes si belle ?

RHODORA, *pourprée*. — Amour deviné. — Oui, vous avez bien compris les sentiments de mon cœur.

ROCHEA, *rouge écarlate*. — Ardeur d'amour. — Mon amour éclate malgré moi.

RODRIQUÉZIE, *rose vif*. — Amitié, protection. — Comptez toujours sur mon amitié.

ROELLE, *violet*. — Service rendu, remercîments, gratitude. — (Cette fleur s'envoie en reconnaissance d'un service rendu dans une affaire d'amour.)

Rose, *blanche*. — Innocence, virginité, jeunesse, beauté, amitié.

R. *rouge* ou *rose*. — Amour, beauté. — Vous êtes belle, je vous adore.

R. *thé*. — Galanterie.

Les roses ont d'importantes fonctions dans les bouquets. Elles constituent un alphabet tout entier dont nous indiquerons plus loin la composition, et qui sert à exprimer tous les mots que les fleurs ne rendent pas.

Russelie, *écarlate*. — Amour vif et dévoué.

S

Salicaire, *rose très vif*. — Distinction, noblesse. Vous êtes la première de toutes.

Salpiglonis, *pourpre* ou *panaché*. — Cette fleur s'envoie uniquement en corbeilles décorées pour un anniversaire.

Sanguinaire, *blanc*. — Innocence, admiration. — (Envoi à faire dans la période des fiançailles, et principalement le jour de l'envoi des présents nuptiaux.)

Sansévière, *blanc*. — Amitié, dévouement.

Saponaire, *violet*. — Regrets, tristesse. — Fleur funéraire.

Sarracémie, *vert et rouge*. — Amour et espérance. — Laissez-moi malgré tout garder au cœur l'espoir qu'un jour vous m'aimerez.

Sarrête, *rose vif*.— Affection. Gardez mon cœur, il est à vous.

Saxifrage, *blanc*. — Fierté, dédain. — Ne me repoussez pas !

S. *rose*. — Accueil, rapprochement. — Oserai-je jamais m'élever jusqu'à vous ?

Scabieuse, *pourpre très foncée*. — Consolation, fleur des veuves. — (Cette fleur s'envoie à une veuve que l'on aime et qui peut se permettre de la placer dans son salon, à cause de sa couleur sombre, où sa présence annonce que ses hommages sont agréés.) — Elle dit : « Je vous consolerai en vous aimant. »

Sceau de Salomon, *blanc*. — Amour respectueux, protestation tendre.

Schisandre, *écarlate*. — Vivacité d'esprit, amour. — Votre esprit égale votre cœur.

Schizanthe, *lilas clair* et *pourpre à taches*

violettes. — Cette superbe plante s'envoie un jour de fête à de nouveaux mariés.

SCHLORANTE, *jaunâtre.* — Amour maternel. Fleur à offrir à une mère, ou à une belle-mère, en corbeilles richement enrubannées.

SCHOTIA, *rouge écarlate.* — Amour unique. Je n'aimerai jamais que vous.

SCILLE, *blanc ou bleu.* — Froideur, indifférence.

SÉLAGINE, *bleu clair.* — Sentiments poétiques. — Votre âme est mon âme.

SÉLINUM, *rose lilas.* — Tromperie, infidélité. — La fidélité sans amour est un supplice, songez-y.

SENSITIVE, *gris pâle.* — Pudeur. — Ne redoutez rien de mon amour.

SERINGA, *blanc.* — Souvenir. — Je garderai toujours la mémoire de votre beauté.

SERISSA, *blanc.* — Virginité. (Fleur de fiançailles.)

SILÈNE, *blanc taché.* — Ivresse. — Je m'enivre de votre souvenir.

SILPHIUM, *jaune.* — Séduction. — Qui résisterait à vos charmes?

Soleil, *jaune*. — Eblouissement. Je ne vois que vous.

Souci, *jaune*, *rouge* ou *marron*. — Ennuis, tristesse, solitude.

Sowerbée, *blanc*. — Attente. — J'attends votre réponse.

Sparaxide, *violet taché de blanc*. — Douleur. — Riche fleur funéraire.

Spartium, *blanc*. — Simplicité. — Fleur de fiançailles.

Spigélie, *rouge et jaune*. — Voyage. — Annonce d'un retour de voyage.

Spiréa, *blanche*. — Campagne. — Rendez-vous à la campagne.

Stachytarphéta, *fleurs rouges qui deviennent roses*. — Changement. (La présence de ces fleurs dans un salon annonce aux prétendants à la main d'une jeune fille qu'elle est fiancée désormais.)

Stémanthère, *rouges*, *vertes* et *blanches*, tout à la fois. — Coquetterie, beauté. — Rien ne vous embellit plus que l'amour.

Sténochile, *rouge sombre et jaune*. — Jalousie, souffrance. — Si vous saviez ce que je souffre, vous auriez pitié de moi.

SWERTIE, *bleu étoilé*. — Confiance, patience. — Attendez, ayez confiance en l'avenir.

T

TAMARIN. — Fidélité, amour unique. — Rien ne m'enlèvera mon amour.

TARASPIC. — (Voyez THÉRIDE.)

THYM, *fleuri*. — Vous êtes au plus profond mon cœur.

TILLANDSIE, *vert* et *bleu*. — Espoir, bonheur qui approche. — Courage, bientôt nous serons heureux !

TRACHÉLIE, *bleu violet*. — Souvenir impérissable. — (Fleur funéraire riche.)

TRILLIUM, *brun rouge* et *violet*. — Abandon, regret. — Regrettez-vous de vous être donnée à moi ?

TUBÉREUSE, *blanche*. — Désirs d'amour, beauté, galanterie.

TULIPE. — Toutes les couleurs sauf la jaune.
— Déclaration d'amour.

T. *jaune*. — Joie.

U

UVULAIRE, *rouge brun*. — Tête à tête. — Demande de rendez-vous. — L'uvulaire a cette particularité qu'il s'emploie pour demander une journée entière pour passer avec la femme que l'on aime.

V-W

VALÉRIANE, *rouge*. — Blessure au cœur. — Vous me faites bien souffrir.

VANILLE, *blanc jaunâtre*. — Remerciements, compliments.

VAUBIER, *blanc en forme de poignard*. — Guérissez au moins les blessures que vous faites.

VERGE D'OR, *jaune d'or*. — Grande joie, bonheur.

Véronique, *bleu.* — Confiance, fidélité. — Je ne pense qu'à vous.

Verveine, *bleue, blanche, rose.* — Confidences. — J'ai bien des choses à vous dire.

Vieusseuxie, *pourpre.* — Amour brûlant. — Haut témoignage d'amour.

Violette, *violette.* — Modestie. — Ne regardez que la sincérité de mon cœur.

V. *blanche.* — Union des cœurs, tendre amour.

Volcamier, *blanc* et *pourpre.* — Amour latent. — Je suis obligé de dissimuler mon amour.

Wachendorf, *jaune vif.* — Bonheur voluptueux.

Witzenie, *azur.* — Pureté de sentiments. — Votre amour me suffit.

X

Xylophile, *rouge sang.* — Passion, volupté. — Je vous désire de toute mon âme.

Ximénésie, *jaune.* — Reconnaissance.

Xiphide, *blanc.* — Constance, affection solide.

— Vous donner ma vie sera mon plus grand bonheur.

Y

Yucca, *blanc* ou *bleu*. — Trahison, défiance.

Z

Zinnia, *quelle que soit la couleur*. — Inconstance. — Vous ne m'aimez plus.

Zanthorhize, *pourpre brun*. — Demande de nouvelles.

Zéphyrante, *rose*. — Amitié unique. — Je n'aime que vous.

L'ALPHABET D'AMOUR

———

Nous avons dit, en parlant de la rose, que cette fleur admirable se prêtait merveilleusement au langage d'amour.

Les amoureux s'en sont servis pour composer un véritable alphabet, une écriture secrète poétique et embaumée. — Nous allons donner la clef de ce cryptogramme.

Toutes les lettres de l'alphabet sont représentées par des roses de nuances et d'espèces absolument différentes, et il faut pour s'en servir aisément une certaine connaissance des innombrables variétés de roses. — Mais l'amour n'est jamais rebuté par les difficultés, et le tendre bonheur d'envoyer à une personne aimée un billet écrit de cette façon originale, en un langage fleuri qu'elle seule comprendra, compensera assurément le labeur qu'exige son emploi.

Cependant pour faciliter l'usage de l'alphabet d'amour, nous nous rendrons complice des correspondants amoureux et, au lieu de nous borner à la simple désignation des diverses variétés de roses employées, nous ajouterons à leur nom la description exacte de chacune d'elles.

*
* *

A. — GRAND ALEXANDRE (rose de Provins), *violette ; fleur très double, grande et bien faite.*

B. — BEAUTÉ SURPRENANTE (rose de Provins), *rose pâle au centre et d'un blanc pur à la circonférence ; fleur de moyenne grosseur, double.*

C. — BELLE CAMÉLIA (rose de Provins),

Pavot. — Nuit, Songes.

pourpre changeant à reflets ; fleur très double, de grosseur moyenne.

D. — Duc d'Angoulême (rose de Provins), *violette avec les pétales bordés de blanc ; fleur moyenne, double et bien faite.*

E. — Elisa (rose Alba), *blanche, avec la base des pétales d'un beau rose ; fleur très double, de moyenne grosseur, très bien faite.*

F. — Fanny Bias (rose de Provins), *couleur de chair ; fleur grande et très double.*

G. — Glacée (rose de Provins), *joli rose presque couleur chair, pétales transparents ; fleur très double, de moyenne grosseur.*

H. — Hervy (rose de Provins), *d'un beau pourpre, nuancé de pourpre plus clair sur le bord des pétales ; fleur assez grande, semi-double.*

I. — Vénus d'Italie (rose de Damas), *de couleur chair très foncée ; grande fleur, très double.*

J. — Sœur Joseph (rose de Provins), *d'un beau rose nuancé de blanc ; fleur très* *double, de moyenne grosseur, très régulière.*

K. — KARAISKAKI (rose de Bengale), *rouge foncé au centre, et lilas clair au bord des pétales; fleur grande et très double.*

L. — LADY BLUSH (rose Pimprenelle), *couleur de chair; fleur grande, semi-double, d'une régularité et d'une forme parfaites.*

M. — MERVEILLEUSE (rose de Provins), *pourpre violacé nuancé de pourpre pâle; fleur très double, de moyenne grosseur.*

N. — NATHALIE TROUVILLE (rose de Provins), *rose avec des points blancs; grande fleur semi-double, très jolie.*

O. — OURIKA (rose de Provins), *brun foncé, fleur superbe, très double, d'une forme irré-prochable (les tiges sont d'un violet noirâtre et les feuilles d'un vert sombre).*

P. — PIVOINE (rose de Provins), *couleur de chair panachée de rose; fleur très double, bien faite, de moyenne grosseur.*

Q. — CŒUR VERT (rose Alba), *presque verte*

*au centre et d'un vert blanchâtre à la cir-
conférence; fleur double de moyenne grosseur.*

R. — Rose Courtin (rose de Provence),
couleur de chair; grande fleur, très double.

S. — Simplice (rose de Bengale), *pourpre
violacé, sans nuances; grande fleur, semi-
double.*

T. — Thaïs (rose Agathe), *rouge vif nuancé
de violet; jolie fleur très double.*

U. — Unique blanche (rose à cent feuilles),
d'un blanc très pur; jolie fleur, très double.

V. — Violette Crémer (rose de Provins),
*violet très foncé; grande fleur, très bien faite,
à pétales très serrés, — très double.*

X. — Hybride du Luxembourg (rose de
Bengale), *d'un beau violet; jolie fleur, ayant
la forme d'une renoncule, avec pétales en
spirale, très double.*

Y. — York (rose de Damas), *blanche, pa-*

nachée de rouge; jolie fleur; de moyenne grosseur, très double.

Z. — ZOSTERIE (rosé thé de Bengale), *rose légèrement nuancée de violet; jolie fleur, de moyenne grosseur, double.*

L'Alphabet d'amour peut servir à exprimer tout ce que l'on veut. Nous devons dire cependant que l'on s'en sert principalement pour écrire un nom.

L'envoyeur trace avec les roses son prénom sur le bouquet, et celle qui le reçoit est seule. ainsi à le connaître.

Dans un bouquet cryptogramme, il ne doit pas y avoir d'autre roses que celles qui représentent les lettres; elles doivent être séparées par d'autres fleurs, et pour le distinguer, en même temps que pour attirer l'attention, on place au centre une petite touffe de roses blanches.

Les roses cryptogrammatiques doivent être

régulièrement espacées entre elles, de façon à former une figure régulière, sans que rien puisse les désigner, et sans que l'art de l'arrangement des fleurs ait à en souffrir.

La perspicacité de la gracieuse destinataire saura bien s'y reconnaître.

Rose, rouge ou rose. — Vous êtes belle.

LES BILLETS D'AMOUR

Il est une méthode fort simple, évitant toute
complication, pour correspondre secrètement
avec la personne que l'on aime, — qui dans ce
cas doit être prévenue de l'emploi du stratagème
que nous allons indiquer.

On coupe une tige de saule, sur laquelle on
fait deux incisions circulaires, à cinq ou six cen-
timètres l'une de l'autre, en ayant soin de ne
trancher que l'écorce. — Avec le manche du
canif, on bat ensuite légèrement l'écorce, entre
les deux incisions, pendant quelques minutes,
en appuyant la tige sur la paume de la main ou
sur le genou.

L'écorce peut alors se détacher facilement du bois, en agissant avec quelque précaution.

On coupe le bois à l'une des incisions seulement, et en tirant lentement, tout en essayant de faire tourner l'écorce sur elle-même, on parvient à la détacher sans l'endommager.

Cette simple préparation va constituer un petit étui dans lequel on pourra aisément renfermer un billet.

Pour cela, on amincit suffisamment la partie de bois dépouillée d'écorce, pour qu'elle puisse reprendre sa place à l'intérieur du tube lorsqu'elle aura reçu le billet soigneusement enroulé. On observera toutefois, qu'à la base, le bois ne doit pas être aminci, afin que l'écorce s'y adapte bien exactement.

Lorsqu'on a roulé le billet autour du bois aminci et dont l'extrémité doit avoir été taillée en pointe, on replace le tube d'écorce qui enveloppe le billet comme un manchon, après avoir eu soin de l'écourter d'environ un demi centimètre.

Dans un trou qui aura été pratiqué avec la pointe du canif au centre de l'autre partie de la branche, on insère l'extrémité en pointe de la tige qui dépasse l'écorce et on rejoint le tout le plus exactement possible.

La tige de saule ainsi reconstituée se place au centre de la queue du bouquet, où la destinataire prévenue saura bien la trouver.

Et le billet d'amour parviendra à destination, en dépit des mamans et des maris qui ne connaissent pas à fond les petits mystères du langage des fleurs.

FIN

TABLE DES MATIÈRES

ÉMILE COLIN. — IMPRIMERIE DE LAGNY.

9 782329 584744